Parfait Djossou

Pratiques d'assainissement des ouvrages dans la ville de Djougou

Parfait Djossou

Pratiques d'assainissement des ouvrages dans la ville de Djougou

Éditions universitaires européennes

Impressum / Mentions légales
Bibliografische Information der Deutschen Nationalbibliothek: Die Deutsche Nationalbibliothek verzeichnet diese Publikation in der Deutschen Nationalbibliografie; detaillierte bibliografische Daten sind im Internet über http://dnb.d-nb.de abrufbar.
Alle in diesem Buch genannten Marken und Produktnamen unterliegen warenzeichen-, marken- oder patentrechtlichem Schutz bzw. sind Warenzeichen oder eingetragene Warenzeichen der jeweiligen Inhaber. Die Wiedergabe von Marken, Produktnamen, Gebrauchsnamen, Handelsnamen, Warenbezeichnungen u.s.w. in diesem Werk berechtigt auch ohne besondere Kennzeichnung nicht zu der Annahme, dass solche Namen im Sinne der Warenzeichen- und Markenschutzgesetzgebung als frei zu betrachten wären und daher von jedermann benutzt werden dürften.

Information bibliographique publiée par la Deutsche Nationalbibliothek: La Deutsche Nationalbibliothek inscrit cette publication à la Deutsche Nationalbibliografie; des données bibliographiques détaillées sont disponibles sur internet à l'adresse http://dnb.d-nb.de.
Toutes marques et noms de produits mentionnés dans ce livre demeurent sous la protection des marques, des marques déposées et des brevets, et sont des marques ou des marques déposées de leurs détenteurs respectifs. L'utilisation des marques, noms de produits, noms communs, noms commerciaux, descriptions de produits, etc, même sans qu'ils soient mentionnés de façon particulière dans ce livre ne signifie en aucune façon que ces noms peuvent être utilisés sans restriction à l'égard de la législation pour la protection des marques et des marques déposées et pourraient donc être utilisés par quiconque.

Coverbild / Photo de couverture: www.ingimage.com

Verlag / Editeur:
Éditions universitaires européennes
ist ein Imprint der / est une marque déposée de
OmniScriptum GmbH & Co. KG
Heinrich-Böcking-Str. 6-8, 66121 Saarbrücken, Deutschland / Allemagne
Email: info@editions-ue.com

Herstellung: siehe letzte Seite /
Impression: voir la dernière page
ISBN: 978-3-8416-6252-1

Copyright / Droit d'auteur © 2015 OmniScriptum GmbH & Co. KG
Alle Rechte vorbehalten. / Tous droits réservés. Saarbrücken 2015

REMERCIEMENTS

Le présent travail n'aurait pu connaître d'aboutissement sans l'aide de nombreuses personnes tant physiques que morales à qui je voudrais exprimer ici ma profonde reconnaissance. Je veux nommer :

- Docteur Ingénieur Vincent Isidore TCHABI, Enseignant-Chercheur à l'EPAC/UAC, qui, en dépit de ses multiples occupations, a accepté de diriger ce travail. Je lui exprime toute ma gratitude ;
- Docteur Martin AÏNA, pour m'avoir conseillé dans la conduite de ce travail qui relève de sa spécialité, l'assainissement ;
- Monsieur Micaël BASSABI DJARA, Maire de la commune de Djougou et ses adjoints pour avoir autorisé ce stage au sein de leur structure ;

- Monsieur Malick ADJARO, Directeur des Services Techniques de la mairie de Djougou, pour m'avoir suivi lors du stage ;
- Tout le personnel de l'EPAC pour son soutien ;
- Tout le personnel de la mairie de Djougou pour l'ambiance conviviale dans laquelle nous avons travaillé durant le stage ;
- Mes sœurs, mes cousins, mes cousines et mes amis en particulier, Sélifatou SENAHOUN et Virgile DAH DOVONON pour leur soutien moral et physique ;
- Toute la cinquième promotion de la Licence Professionnelle en Génie de l'Environnement à l'EPAC, en particulier mes camarades : Frédyas EYEBIYI, Brice DJOSSOU, Clément MOUZOUNVI et Edine DESSOUASSI.

TABLE DES MATIERES

Titres	**Pages**
Remerciements……………………………...........	1
Table des matières……………………………….	3
Liste des figures……………………..................	7
Liste des photos……………………..………...	8
Liste des tableaux ……………………………….	9
Liste des annexes…………………..…………..	10
Liste des sigles…………………………………..	11
Résumé…………………………………………...	13
Abstract…………………………………………...	15
INTRODUCTION………………………………....	17
CHAPITRE 1 : GENERALITES…………………	21
1.1 DEFINITION DE QUELQUES CONCEPTS…………………………………..	22
1.1.1 Environnement……………………………..	22
1.1.2 Assainissement…………………………….	22
1.1.3 Déchets……………………………………..	23
1.1.4 Déchets fermentescibles………………….	23
1.1.5 Gestion des déchets solides……...........	23
1.1.6 Caniveau……………………………………	24
1.1.7 Curage des caniveaux……………………	24

1.2 CADRE JURIDIQUE DE L'ASSAINISSEMENT AU BENIN……………… 24
1.3 STRATEGIES ET PLAN D'ACTION D'ASSAINISSEMENT DES OUVRAGES DANS LA VILLE DE DJOUGOU………………… 27
CHAPITRE 2 : PRESENTATION DU MILIEU D'ETUDE………………………............................. 39
2.1 MILIEU PHYSIQUE………………………… 40
2.1.1 Situation géographique…………………… 40
2.1.2 Climat………………………………………. 44
2.1.3 Relief et sols………………………………. 45
2.1.4 Hydrographie……………………………… 45
2.2 MILIEU HUMAIN…………………………….. 46
2.2.1 Données démographiques……………….. 46
2.2.2 Projections démographiques……………. 49
2.3 PRESENTATION DE LA STRUCTURE D'ACCUEIL………………………………............. 50
2.3.1 Service des Constructions…….………… 51
2.3.2 Service des Equipements et Ouvrages d'Art………………………………………………. 52
2.3.3 Service des Ressources Hydrauliques……………………………….......... 53
2.3.4 Service de l'Hygiène et de

l'Assainissement………………………………….. 54
CHAPITRE 3 : MATERIEL ET METHODES….. 56
3.1 MATERIEL……………………………………… 57
3.1.1 Moyens matériels……………………….. 57
3.1.2 Ressources humaines………………….. 58
3.2 METHODES……………………………………. 58
3.2.1 Recherche documentaire………………… 58
3.2.2 Collecte de données……………………… 59
3.2.2.1 Population cible……………………….. 59
3.2.2.2 Echantillonnage……………………….. 59
3.2.2.3 Procédure d'enquête………………….. 60
3.2.2.4. Observations sur le terrain………….. 60
3.2.3 Traitement des données……………….. 61
CHAPITRE 4 : RESULTATS ET DISCUSSION……………………………………….. 62
4.1 RESULTATS…………………………………... 63
4.1.1 Caractéristiques socio-démographiques des enquêtés………………………………. 63
4.1.1.1 Répartition des enquêtés selon le sexe……………………………………………….. 63
4.1.1.2 Répartition des enquêtés selon l'âge……………………………………………….. 64
4.1.1.3 Répartition des enquêtés selon la

religion…………………............................	65
4.1.1.4 Répartition des enquêtés selon le niveau d'instruction………...........................	66
4.1.2 Etat actuel des ouvrages dans la ville…………………..	68
4.2 DISCUSSION………………………............	72
4.2.1 Insuffisances des stratégies et plan d'action communal……..	72
4.2.2 Les causes de l'état actuel des ouvrages dans la ville…………..............................	73
CONCLUSION ET SUGGESTIONS…...............	76
CONCLUSION………………………...............	77
SUGGESTIONS………………………………….	78
REFERENCES…………………………………….	80
Annexes………………………………...............	84

LISTE DES FIGURES

Titres	Pages
Figure 1: Carte de la situation de la Commune dans le Département...	41
Figure 2: Carte administrative de la Commune de Djougou……………………..……...	43
Figure 3: Répartition des enquêtés selon le sexe……………………………………………..	63
Figure 4 : Répartition des enquêtés selon l'âge………………………………………………..	64
Figure 5 : Répartition des enquêtés selon la religion…………………………………………….	65
Figure 6 : Répartition des enquêtés en fonction du niveau d'instruction………………..	67

LISTE DES PHOTOS

Titres	Pages
Photo 1 : Insalubrité sur les voies et dans les caniveaux…………………………………………	68
Photo 2 : Etat d'insalubrité des voies…………………………………………….	70

LISTE DES TABLEAUX

Titres **Pages**

Tableau I : Projections démographiques à moyen terme……………………………………….. 50

LISTE DES ANNEXES

Titres	**Pages**
Annexe 1 : Questionnaire pour l'enquête de terrain………………………………………..	85
Annexe 2 : Guide d'entretien avec les agents des services de la mairie intervenant dans le secteur de l'hygiène et l'assainissement dans la ville de Djougou………………………………..	90

LISTE DES SIGLES

CAMES : Conseil Africain et Malgache de l'Enseignement Supérieur

DCAM/Bethesda : Développement Communautaire et Assainissement du Milieu

DHAB : Direction de l'Hygiène et de l'Assainissement de Base

DST : Direction des Services Techniques

EPAC : Ecole Polytechnique d'Abomey-Calavi

FLASH : Faculté des Lettres, Arts et Sciences Humaines

GTZ : Deutsche Gesellsschaft für Technische Zusammenarbeit (Coopération technique allemande)

INSAE : Institut National de Statistiques et d'Analyses Economiques

MEHU : Ministère de l'Environnement, de l'Habitat et de l'Urbanisme

NGO: Non Governmental Organization

ONG : Organisation Non Gouvernementale

PDC 2 : Plan de Développement Communal, deuxième génération

PHAC : Plan d'Hygiène et d'Assainissement Communal

PHCC: Plan of Hygiene and Communal Cleansing

PPEA : Programme Pluriannuel d'appui au secteur de l'Eau et de l'Assainissement

PTF : Partenaire Technique et Financier

RGPH3 : Troisième Recensement Général de la Population et de l'Habitat

UAC : Université d'Abomey-Calavi

RESUME

L'assainissement des ouvrages (voies pavées et caniveaux) dans la ville de Djougou est basé sur des stratégies bien élaborées par les autorités. Mais sa mise en œuvre est défaillante. En effet, l'état insalubre des ouvrages de la ville est frappant et force indignation et interrogations. A cela s'ajoute l'indifférence de la population. L'état déplorable des ouvrages d'assainissement s'explique surtout par le fait que les populations affichent de mauvais comportements (incivisme, non abonnement aux ONG de pré-collecte des ordures ménagères, défécation dans les caniveaux, rejet des eaux usées sur les voies et dans les caniveaux,...), mais aussi par l'impuissance des autorités qui peinent à appliquer les textes en vigueur et qui n'ont pas l'air préoccupé par la mise en œuvre du Plan de l'Hygiène et de l'Assainissement Communal (PHAC). Le comportement de la population est surtout dû au laxisme et à un faible niveau d'écocitoyenneté et d'instruction. Partout, le paysage et les ouvrages d'art portent des empreintes des déchets solides, liquides et des sachets d'emballage. La porte de sortie de ce contexte environnemental passe par un programme ciblé d'information, d'éducation et de communication, notamment à l'attention des jeunes, des élèves et des ONG dans les coins et carrefours-vitrines de la ville.

Mots clés : Assainissement, Ouvrages, Déchets, Djougou.

ABSTRACT

The remediation works in the city of Djougou is based on well-developed strategies by the authorities but its implementation is faulty. Indeed, the insanitary condition of the city structures is striking and forces indignation and interrogations is striking and strength questions. With that the indifference of the population is added. The deplorable state of the drainage systems is especially explained by the fact that the populations post bad behaviors (antisocial behavior, no subscription NGO pre-garbage collection, defecation in drains, sewage discharge on the track and in the gutters ...), but also by the authorities struggling to apply the laws in force and does not seem concerned about the implementation of PHCC. The behavior of the population is mainly due to laxity and a low level of eco-citizenship and education. Everywhere the landscape and structures are impressions of solid, liquid and pouches. The exit of this environmental context through a focused information, educational and eco-citizenship, especially for young people, students and NGOs, points and crossings showcases the city.

Keywords: Drainage, Structures, Waste, Djougou.

INTRODUCTION

De nos jours, les villes africaines font partie des espaces dans lesquels la problématique de la gestion de l'environnement est plus préoccupante. Les atteintes à l'environnement sont généralisées et croissantes (DIABAGATE, 2008).

Au Bénin, depuis 2006, certaines villes dont celle de Djougou ont connu des programmes de réhabilitation qui leur ont permis de changer leur désuétude grâce à d'importants investissements réalisés par l'Etat. C'est dans ce cadre que la ville a bénéficié du projet de pavage des rues et d'assainissement qui a consisté à paver 11.750 m de voies et à mettre en place 14.424 m de caniveaux. Ces travaux ont véritablement métamorphosé la ville de Djougou et ont fait d'elle, l'une des villes les mieux assainies du pays (*Grandstravauxaubenin.com*).

A partir de ce moment, l'entretien des ouvrages est établi comme la préoccupation majeure des autorités. Il en est de même de la gestion des déchets, un problème de santé publique (AREMOU, 2007).

Mais aujourd'hui, les ouvrages d'assainissement dont la ville de Djougou est pourvue se trouvent dans un état d'insalubrité inqualifiable; ce qui fait qu'on retrouve des dépotoirs sauvages d'ordures au bord, sur les voies, et dans les caniveaux. Or, l'entretien irréprochable de ces ouvrages, garant d'une généreuse santé des populations est un des indicateurs d'une ville propre et d'un cadre de vie agréable.

C'est conscient de cette situation que cette étude dans la ville de Djougou a été envisagée sous le thème : <<**les pratiques d'assainissement des ouvrages dans la ville de Djougou**>> afin de rechercher les causes de cette situation et proposer des approches de solutions.

L'objectif global de cette étude est de caractériser l'usage et l'entretien des ouvrages d'assainissement dans la ville de Djougou.

De façon spécifique, il s'agit de :
- étudier l'efficacité des stratégies et du plan d'action communale d'assainissement de la ville ;
- déterminer les causes de l'état actuel des ouvrages d'assainissement de la ville ;
- proposer des approches de solutions.

Des hypothèses proposées sont les suivantes :
- les stratégies et le plan d'action communal d'assainissement de la ville sont bien élaborés mais leur mise en œuvre est problématique ;
- l'état insalubre des ouvrages est en grande partie lié aux pratiques de la population ;

- les propositions d'approches de solutions peuvent aider à améliorer l'assainissement des ouvrages dans la ville.

Le présent rapport s'articule autour des quatre chapitres suivants :

- le chapitre 1 aborde les généralités ;
- le chapitre 2 présente le milieu d'étude ;
- le chapitre 3 aborde le matériel et les méthodes utilisés;
- le chapitre 4 présente les résultats et la discussion.

CHAPITRE 1 : GENERALITES

1.1 DEFINITION DE QUELQUES CONCEPTS

1.2 CADRE JURIDIQUE DE L'ASSAINISSEMENT AU BENIN

1.3 STRATEGIES ET PLAN D'ACTION D'ASSAINISSEMENT DES OUVRAGES DANS LA VILLE

CHAPITRE 1 : GENERALITES

1.1 DEFINITION DE QUELQUES CONCEPTS

1.1.1 Environnement

C'est l'ensemble des éléments naturels et artificiels ainsi que les facteurs économiques et socio-culturels susceptibles d'avoir un effet direct, indirect, immédiat ou à long terme sur les êtres vivants et sur les activités humaines (MEHU; 1999).

1.1.2 Assainissement

L'assainissement peut être défini comme un ensemble d'actions permettant d'améliorer le cadre de vie des populations, de préserver leur santé et de protéger les ressources naturelles et l'environnement (DHAB, 2010).

1.1.3 Déchets

La loi cadre sur l'environnement en République du Bénin (1999) définit le terme Déchet, comme tout résidu d'un processus de production, de transformation ou d'utilisation ou tout bien meuble abandonné ou destiné à l'abandon.

1.1.4 Déchets fermentescibles

Ce sont les déchets de l'utilisation d'organismes vivants, de végétaux et d'animaux qui ont un grand pouvoir de décomposition (ADEME, 2004).

1.1.5 Gestion des déchets solides

C'est l'ensemble des actions visant à limiter la production des déchets solides, trier et valoriser, traiter la fraction non valorisable, stocker en sécurité et limiter le transport (AÏNA, 2011).

1.1.6 Caniveau

C'est un canal d'évacuation des eaux (pluviales), placé de chaque côté d'une chaussée (Larousse 2010).

1.1.7 Curage des caniveaux

C'est une opération qui consiste à nettoyer les caniveaux en grattant et en raclant pour enlever le sable, les boues et les déchets solides qui peuvent boucher ces caniveaux, afin de permettre un bon écoulement des eaux (Larousse 2010 et 38 Dictionnaires).

1.2 CADRE JURIDIQUE DE L'ASSAINISSEMENT AU BENIN

Cette partie est consacrée à l'inventaire des textes législatifs et réglementaires du secteur de l'hygiène et de l'assainissement en République du Bénin au regard des objectifs de cette étude.

- Les textes et lois qui se chargent de l'assainissement au Bénin se fondent généralement sur la **loi 98-030 du 12 février 1999** qui est le principal cadre juridique de protection de l'environnement en République du Bénin. Son élaboration se justifie sur le plan constitutionnel. Les problèmes résolus par cette loi s'inscrivent dans le cadre de l'amélioration de la qualité de l'environnement.
- La **loi 87-015 du 21 septembre 1987** portant code de l'hygiène publique en République du Bénin énonce les règles d'hygiène publique au Bénin.
- Le **Décret n°96-115 du 02 avril 1996** portant création de la Police Environnementale qui a pour rôle de veiller à l'application de la législation environnementale, rechercher, constater et réprimer les infractions à cette législation.

- Le **Décret n°97-616 du 18 décembre 1997** portant application de la Loi n°87-015 du 21 septembre 1987 Portant code de l'hygiène publique en République du Bénin.

- Le **Décret 2001-095 du 20 février 2001** portant création, organisation et fonctionnement des cellules environnementales en République du Bénin.

- L'**Arrêté n°069 / MISAT/ MEHU/ MS/ DC/ DE/ DATC/ DUAB du 04 avril 1995** portant réglementation des activités de collecte, d'évacuation, de traitement et d'élimination des matières de vidanges en République du Bénin.

- L'**Arrêté n°136/ MISAT/ MEHU/ MS/ DC/ DE/ DATC/ DUAB du 26 juillet 1995** portant réglementation des activités de collecte, d'évacuation, de traitement et d'élimination des déchets solides en République du Bénin.

La mise en application judicieuse des lois et textes en matière d'assainissement au Bénin relève de l'autorité communale, mais comme on le sait, les moyens manquent cruellement.

1.3 STRATEGIES ET PLAN D'ACTION D'ASSAINISSEMENT DES OUVRAGES DANS LA VILLE

♣ *Vision de la commune*

La gestion du secteur de l'hygiène et de l'assainissement se fondant sur la réglementation nationale en vigueur, la vision de la commune a été définie à l'horizon 2025 en intégrant aussi les cinq (5) principes suivants de la politique nationale d'assainissement :

- la mise en place de structures durables et efficaces pour la gestion des services ;
- la promotion de programmes d'assainissement ;

- la participation des communautés au financement des ouvrages, à leur exploitation et à leur entretien ;
- le développement des compétences des acteurs locaux ;
- la promotion des technologies appropriées.

La définition de la vision s'appuie sur la vision globale de développement de la commune qui s'énonce comme suit : « Djougou est à l'horizon 2025, une commune à économie prospère pour un développement humain durable dans un environnement sain.».

La vision de la commune dans le sous-secteur de l'hygiène et de l'assainissement est formulée à l'horizon 2025 comme suit *« Djougou est à l'horizon 2025, une commune assainie où s'épanouissent toutes les couches sociales par un accès équitable et durable aux services d'hygiène et d'assainissement»*.

♣ Stratégie de mise en œuvre de la gestion des déchets solides

L'ensemble des interventions à mener devra s'inscrire dans le cadre tracé par le plan opérationnel de gestion des ordures ménagères. Les actions à mettre en œuvre seront cohérentes et régulières dans une vision qui priorise la valorisation par rapport à l'élimination ou la mise en décharge. «Les déchets ne doivent plus être considérés comme nuisances mais comme des ressources à valoriser ». Dans la mise en œuvre de ce plan, il faudra rendre l'abonnement aux structures de pré-collecte obligatoire par la prise d'un arrêté communal. Cela passera par la création d'un environnement favorable à l'abonnement par les ménages et établissements. La mairie fera l'effort d'être toujours au cœur du maillon de la pré-collecte avec ou sans les PTF ou partenaires opérationnels (DCAM/Bethesda par exemple).

Des petits jeux-tombola seront initiés pour les abonnés solvables dans le souci d'accroître leur motivation. Aussi, une reconnaissance sera décernée aux meilleurs pré-collecteurs.

La mairie appuiera les groupements de femmes par l'octroi de matériel pour la salubrité dans les marchés et places publiques et passera des messages de sensibilisation sur les ondes locales incitant les vendeurs et vendeuses à payer les redevances de nettoyage.

Pour faciliter l'opération de tri, les ménages seront sensibilisés à disposer d'au moins deux poubelles et à séparer les déchets biodégradables des autres types de déchets. Ces poubelles seront mises, par les ONG de pré-collecte, à la disposition des ménages qui en exprimeront le besoin et paieront les frais de confection de façon échelonnée sur une période à convenir entre ces ONG et les ménages concernés (PHAC de Djougou, 2010).

♣ Stratégie de mise en œuvre des pratiques d'hygiène

Les comportements, attitudes et pratiques sont complexes et vécus de façon différenciée d'une communauté à une autre.

La stratégie de promotion de l'hygiène va s'appuyer essentiellement sur les trois piliers suivants à savoir :

❖ L'utilisation des radios de proximité qui au-delà des actions relayées dans le secteur, disposeront de tranches d'antenne qui permettront de sensibiliser et de conscientiser davantage les populations : deux tranches d'antennes pourront être créées à savoir :

- 1ère tranche «préservons l'environnement » ou «rendons sain notre cadre de vie» : une émission-débat hebdomadaire consacrée à l'autosensibilisation de la population sur les cas réels et/ou imaginaires permettant aux uns et aux autres de tirer des leçons.
- 2ème tranche « leçons d'expériences » : cette émission sera par quinzaine ou mensuelle.

❖ Les campagnes de sensibilisations.

❖ Le troisième pilier est l'implication des élus locaux à la base, des sages et des notables. Les activités mises en œuvre au niveau de chaque village ou quartier de ville vont bénéficier de l'appui de ces personnes suscitées.

Pour atteindre ces objectifs, la mairie va s'appuyer sur les services des ONG intervenant dans le secteur, les agents d'hygiène et aussi les brigadiers d'hygiène ; chacun ayant des attributions bien précises (PHAC de Djougou, 2010).

♣ Stratégie de mise en œuvre de la réglementation communale

L'arsenal juridique et réglementaire doit être assez fourni et assoupli surtout au niveau local pour permettre une application aisée de ce dernier.

Au regard de l'analyse diagnostique, il est important d'envisager dès le départ, des arrêtés ou délibérations faisant obligation d'une part aux promoteurs des établissements classés (maquis, bars, restaurants, buvettes et hôtels) présents et futurs de mettre à la disposition de leurs clients des urinoirs séparés des latrines, de s'abonner aux structures de pré-collecte et d'autre part à tout propriétaire d'une nouvelle construction de la faire accompagner d'ouvrages d'assainissement adéquats. L'arrêté précisera les dispositions à prendre dans ce cas pour bénéficier d'une autorisation de construire.

La deuxième grande étape de cette stratégie est la vulgarisation des textes pour accompagner la mise en œuvre du PHAC. Il faut suffisamment informer les populations sur les textes existants et ceux qui seront élaborés dans le cadre de l'exécution du PHAC afin d'amoindrir le degré de l'ignorance des dispositions règlementaires dans le secteur. Afin de faciliter l'accès au contenu de ces textes par la population, des traductions en Yom, Lokpa et Dendi seront réalisées pour certains articles clés des textes. Aussi, il sera mis gratuitement à la disposition des établissements classés (maquis, bars, restaurants, buvettes et hôtels) des exemplaires de tous les textes réglementaires existant dans le secteur et les concernant.

Pour assurer l'effectivité de l'application de tous ces textes, il faut renforcer la brigade d'hygiène de façon progressive aussi bien en personnel qu'en moyens de travail adéquats. Les prérogatives de cette brigade doivent être renforcées en matière de répressions et présentées à la population comme telles. Cette brigade sera appuyée par la gendarmerie de Djougou et apprendra à sanctionner les divers contrevenants suivant les dispositions prévues par la loi et sans complaisance. Elle restera ferme et impartiale et la seule compétente à infliger les peines.

Les sanctions à infliger aux contrevenants ne seront pas que pécuniaires. Il faut des sanctions dissuasives qui vont s'apparenter à de l'humiliation du contrevenant en dehors des sanctions pécuniaires.

Pour une application aisée des textes en vigueur, il sera conçu des valeurs inactives et mises à la disposition des membres de la brigade d'hygiène. Aussi, des ristournes sur les pénalités pourraient être prévues pour motiver ces agents (PHAC de Djougou, 2010).

♣ Stratégie de mise en œuvre de la gestion des eaux pluviales

La ville de Djougou à l'instar des principales villes secondaires du pays a bénéficié d'un Plan Directeur d'Urbanisme qui demeure toujours en vigueur selon la situation faite en octobre 2009 par le ministère à charge (fiche technique PHAC, 2010). Aussi, la réalisation d'un schéma directeur d'assainissement sera-t-elle une priorité. Ce qui permettra d'identifier les exutoires naturels et le sens d'écoulement préférentiel des eaux. La mairie devra, malgré les financements importants dont nécessite la réalisation des ouvrages d'assainissement, oser porter des projets de construction de ces dits ouvrages. Les premiers projets à soumettre au financement seront relatifs aux tronçons de voies dont les études sont déjà disponibles. Ces études seront actualisées pour prendre en compte les changements intervenus dans le temps. L'actualisation permettra d'opérer un choix technologique judicieux combinant caniveaux/collecteurs et bassins de rétention susceptibles de réguler le débit d'écoulement et de réduire les impacts du ruissellement sur les axes routiers.

Un accent particulier sera mis sur l'entretien de ces ouvrages d'évacuation des eaux pluviales afin de leur permettre de jouer pleinement leur rôle. A cet effet, la mairie va concéder aux ONG de pré-collecte, l'entretien des ouvrages dans leurs zones d'intervention. Les ONG dans leur intervention devront s'appuyer sur les chefs de quartiers et leurs conseillers (PHAC de Djougou, 2010).

CHAPITRE 2 : PRESENTATION DU MILIEU D'ETUDE

2.1 MILIEU PHYSIQUE

2.2 MILIEU HUMAIN

2.3 PRESENTATION DE LA STRUCTURE

CHAPITRE 2 : PRESENTATION DU MILIEU D'ETUDE

2.1 MILIEU PHYSIQUE

2.1.1 Situation géographique

La Commune de Djougou est située dans la partie septentrionale (Nord-Ouest), à environ 461 km de Cotonou, capitale économique du Bénin. Ville carrefour caractérisée par six sorties internationales, elle couvre une superficie de 3.966 km². Elle est limitée au Nord par les communes de Kouandé et de Pehunco, au Sud par la commune de Bassila, à l'Est par les communes de Sinendé, de N'Dali et de Tchaourou ; à l'Ouest par les communes de Copargo et de Ouaké.

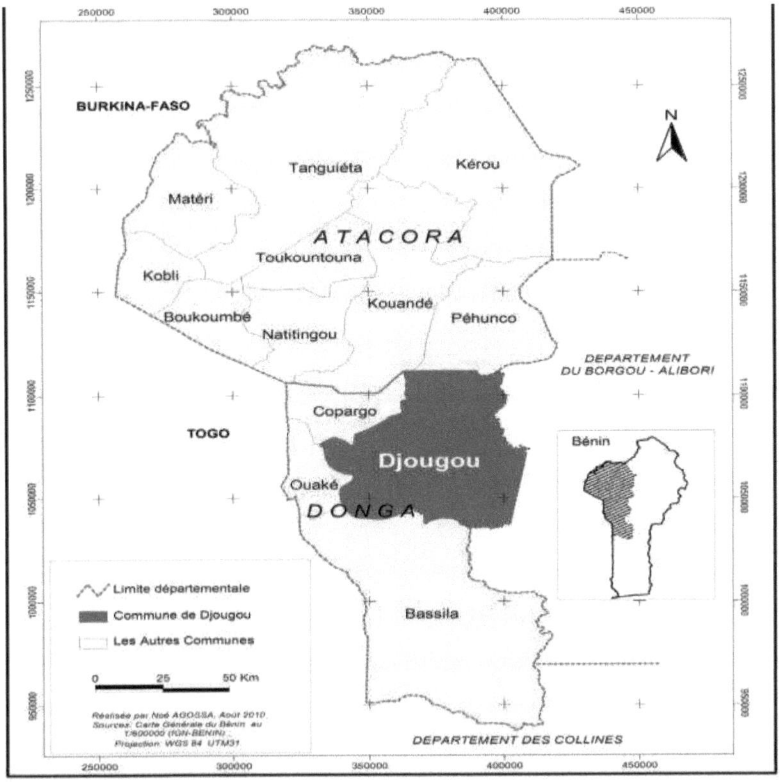

Figure 1: Carte de la situation de la Commune dans le Département

Source: PDC 2 Djougou, 2010

La Commune de Djougou compte douze arrondissements (dont trois urbains) subdivisés en 76 villages et quartiers de villes. Il s'agit des arrondissements de Djougou 1, Djougou 2 et Djougou 3. Ces arrondissements ont été pris en compte pour notre étude car c'est dans ces arrondissements qu'on peut trouver de voies pavées et de caniveaux sur lesquels notre étude a porté. Nous avons ainsi la carte qui montre les limites administratives de la commune de Djougou.

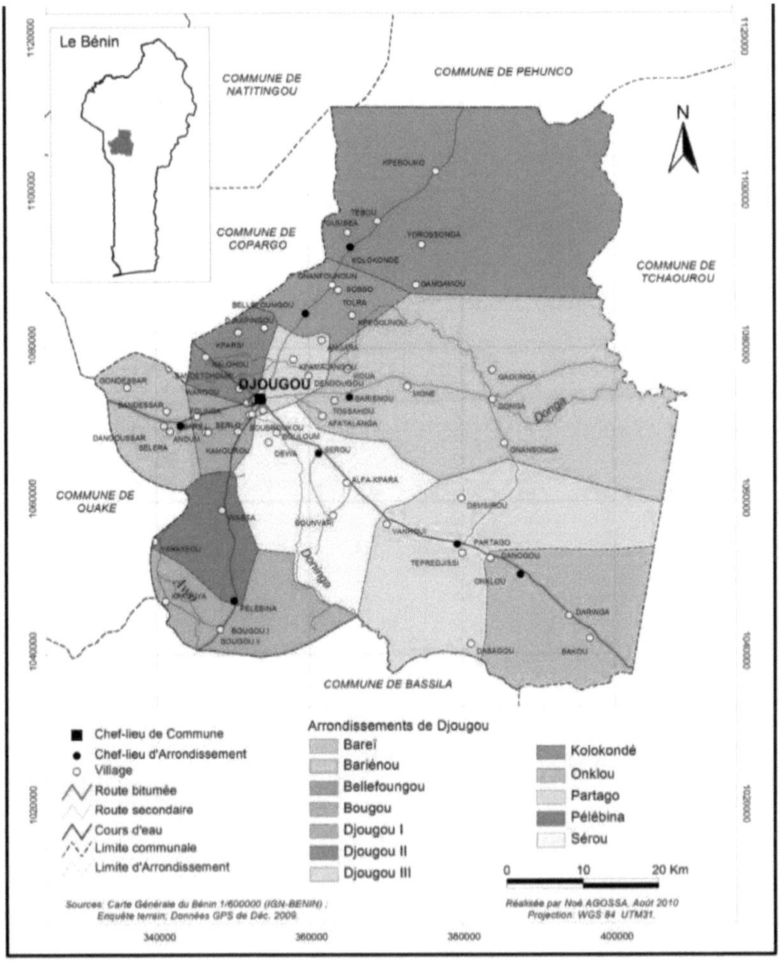

Figure 2: Carte administrative de la Commune de Djougou

Source : PDC 2 Djougou, 2010

2.1.2 Climat

Le climat est de type soudano-guinéen avec deux saisons : une saison pluvieuse s'étendant d'Avril à Octobre, soit environ six (6) mois de pluie et d'une saison sèche allant de la mi-octobre à la mi-avril. La hauteur d'eau annuellement enregistrée varie entre 1.000 mm et 1.500 mm pour 75 à 140 jours effectifs de pluie.

La Commune connaît de Décembre à Février l'harmattan, un vent sec et frais qui souffle du Sahara vers l'Ouest sur l'Afrique occidentale. Par ailleurs, elle enregistre depuis quelques années des aléas climatiques (inondations, sécheresse) caractérisés par une irrégularité des pluies, auxquels s'ajoutent les tornades qui affectent la productivité des cultures.

2.1.3 Relief et sols

La Commune de Djougou a un relief de plateau parsemé de collines de faible dénivellation. Les sols sont de nature argilo-sableuse ou latéritique (gravillonnaire à caillouteux), globalement favorables à l'agriculture. Environ 35,70% de la superficie totale communale est cultivée. Sous l'effet de la croissance démographique et de l'utilisation de techniques culturales inadaptées (culture itinérante sur brulis, faible utilisation d'engrais minéraux ou organiques) ces terres agricoles sont de plus en plus appauvries.

2.1.4 Hydrographie

Quatre (4) principaux cours d'eau d'une longueur totale de 21 km irriguent la Commune de Djougou. La Commune dispose par ailleurs de cinq (05) retenues d'eau réparties dans les localités de Djougou 1, Foumbia (Kolokondé), Daringa, Béléfoungou et Dangounsa (Baréi).

Ces ressources en eau favorisent le développement des cultures de contre-saison, l'élevage des ruminants et la pêche/pisciculture.

L'ensablement et la pollution aux pesticides, aux déchets ménagers ou par l'activité de transformation de graines de néré sont les problèmes essentiels notés par rapport à ces cours et retenues d'eau.

2.2 MILIEU HUMAIN

2.2.1 Données démographiques

❖ Une population qui croît faiblement

D'après le troisième recensement général de la population et de l'habitation (RGPH3) de 2002, la population de la commune de Djougou est de 181 895 habitants, dont 91 287 hommes (50,19%) et 90 608 femmes (49,81%). Par rapport à l'année 1992, la population totale a connu un accroissement intercensitaire annuel de 3,05%. Cet accroissement est inférieur à la moyenne départementale (4,15%) ainsi que celle nationale (3,73%).

Avec une densité moyenne assez élevée (45,86 habitants/km²), la tendance de la population jeune est à l'émigration. L'analyse de la densité démographique par arrondissement indique que les trois (03) arrondissements urbains (Djougou 1, 2 et 3) sont les plus densément peuplés. Kolokondé, Bariénou et Sérou sont les arrondissements les moins densément peuplés.

Les villes du Sud-Bénin sont les destinations des jeunes filles à la recherche d'un travail de domestique ou d'employée de bars. Quant aux jeunes hommes, ils vont dans les autres départements (Borgou et Collines surtout) et à l'extérieur du Bénin (Niger, Nigéria, Allemagne et Italie), à la recherche d'un mieux-être.

❖ *Une population essentiellement jeune*

La répartition de la population de la commune par tranche d'âge montre que 98 524 personnes (54,17%) ont moins de 18 ans. Les enfants de 14 ans au plus sont au nombre de 88 414, soit 48,61% de la population. Les adultes de plus de 18 ans ne sont que 83 371 personnes (45,83%) dont 10 838 personnes (5,96%) ont 60 ans et plus.

❖ **Une population en majorité faite de Yom, Lokpa et apparentés**

La population est majoritairement faite de Yom, Lokpa et apparentés (58%). Ce groupe ethnique est suivi des Peulh (11%), des Dendi et apparentés (11%), des Outamari et apparentés (7%) et des Bariba et apparentés (4%). Les groupes ethniques minoritaires sont : les Fon, les

Nago, les expatriés, les Adja et d'autres ethnies du Bénin.

2.2.2 Projections démographiques

Elles sont faites à moyen terme c'est-à-dire horizon 2020 et à long terme (horizon 2030), sur la base d'un taux annuel d'accroissement démographique entre 1992 et 2002 qui est de 3,05%. L'hypothèse est que cette tendance va se poursuivre encore pour au moins une génération, les mentalités n'ayant pas changé. Sur cette base, la population de la commune de Djougou atteindrait 231 315 individus en 2010, contre 268 810 individus en 2015, 312 381 individus en 2020, 363 015 individus en 2025 et 421 856 individus en 2030 (tableau I).

Tableau I: Projections démographiques à moyen terme

Année	2002	2010	2015	2020	2025	2030
Population de la Commune	181895	231315	268810	312381	363015	421856

Source: PDC 2 Djougou, 2010

2.3 PRESENTATION DE LA STRUCTURE D'ACCUEIL

La mairie de Djougou est composée :

- d'un Secrétariat Général (SG) ;
- d'un Cabinet du Maire (CM) ;
- d'un Service de Transmission (S / Tr)
- des directions techniques, au nombre desquelles nous avons la Direction des Services Techniques (DST), qui comporte quatre services à savoir:

- le Service des Constructions ;
- le Service des Ressources Hydrauliques ;
- le Service des Equipements et Ouvrages d'Art ;
- le Service de l'Hygiène et de l'Assainissement.

2.3.1 Service des Constructions

Il est chargé de :

- la planification et la programmation des investissements relatifs aux infrastructures communales ;
- la conception des ouvrages à partir des programmes définis (études, plans, calculs) ;
- le contrôle des ouvrages à partir des programmes définis ;
- la gestion du personnel technique notamment les ouvriers, les manœuvres, les tâcherons, etc.
- l'entretien du patrimoine bâti communal ;

- la réalisation de toutes les procédures en vue de l'exécution des travaux retenus ;
- la préparation des cahiers de charges et appels d'offres pour les travaux ;
- le suivi des travaux de construction ;
- la préparation des plannings et rapports techniques mensuels, et annuels d'activités du service.

2.3.2 Service des Equipements et Ouvrages d'Art

Il est chargé de :
- l'examen des dossiers techniques ;
- la réalisation et l'entretien des voies urbaines en zones agglomérées ;
- la réalisation et l'entretien des routes, pistes rurales et ouvrages d'art ;
- la signalisation routière, le suivi de l'état et l'évolution des équipements publics et de voirie ;

- l'entretien des canaux de drainage et des équipements annexes ;
- la conception des ouvrages à partir des programmes définis ;
- la définition et l'application des modalités d'entretien et de renouvellement des équipements et ouvrages d'art ;
- la création, l'entretien et la gestion des cimetières et des services funéraires ;
- la préparation des cahiers de charges et des appels d'offres pour les travaux ;
- l'élaboration des rapports mensuels et annuels d'activités du service.

2.3.3 Service des Ressources Hydrauliques

Il est chargé de :
- suivre la réalisation et l'entretien des ouvrages d'eau ;

- le suivi de la gestion des ouvrages hydrauliques de la commune ;
- la préparation des cahiers de charges et appels d'offres pour les travaux ;
- la protection des ressources hydrauliques ;
- la contribution à la meilleure exploitation des ressources hydrauliques ;
- la prospection et la distribution de l'eau potable ;
- l'élaboration des rapports mensuels et annuels d'activités du service.

2.3.4 Service de l'Hygiène et de l'Assainissement

Il est chargé de :
- assurer l'élaboration et la mise en œuvre du plan communal d'hygiène et d'assainissement ;
- la réglementation de l'assainissement individuel (latrines, fosses septiques, puisards) ;

- le curage des caniveaux ;
- assurer la collecte, le traitement et l'évacuation des déchets solides et liquides, des eaux usées, des eaux pluviales ;
- la gestion de la collecte des ordures ménagères ;
- du nettoyage de la voirie et des marchés ;
- veiller à la préservation des conditions d'hygiène et de la salubrité publique autour des habitations et agglomérations.

CHAPITRE 3 : MATERIEL ET METHODES

3.1 MATERIEL

3.2 METHODES

CHAPITRE 3 : MATERIEL ET METHODES

3.1 MATERIEL

3.1.1 Moyens matériels

Le matériel utilisé pour la collecte des données est constitué de :

- une fiche d'enquête pour recueillir les informations auprès des populations;
- un guide d'entretien avec certaines personnes de la mairie de Djougou intervenant dans le secteur de l'assainissement ;
- un appareil photo numérique de marque SAMSUNG ;
- une moto de marque SANYA.

3.1.2 Ressources humaines

Le soutien de certaines personnes a facilité la collecte des données. Il s'agit notamment :

- d'un brigadier d'hygiène de la mairie de Djougou ;
- d'un volontaire japonais ;
- du Chef service de l'hygiène et de l'assainissement de la mairie de Djougou et son assistant ;
- du Chef service des constructions.

3.2 METHODES

3.2.1 Recherche documentaire

La recherche documentaire a permis d'avoir des informations qui ont rapport avec le sujet de recherche, et sur la Commune de Djougou. Elle a consisté à chercher des documents qui ont trait au thème. En effet, plusieurs centres de documentation ont été parcourus : il s'agit de la bibliothèque du Département du Génie de l'Environnement de l'EPAC, de l'EPAC, de la Commune de Djougou, de la FLASH, et de la Direction des Services Techniques de la mairie de Djougou.

3.2.2 Collecte de données

3.2.2.1 Population cible

La population cible est constituée des ménages, des boutiques, des ateliers, des bars, etc. qui sont au bord des voies et les autorités municipales de la ville de Djougou.

3.2.2.2 Echantillonnage

Le choix des personnes enquêtées a été fait de façon systématique. Ainsi, à tous les cent (100) mètres, une personne était identifiée et interviewée. Au total, cent vingt (120) personnes ont été enquêtées ; ce qui équivaut à 12.000 mètres de voies parcourus dans la ville soit 89,93% de la longueur totale des voies pavées.

Ce principe est adopté parce que le kilométrage des voies pavées de la ville est connu, ainsi que celui des caniveaux (13.343,7 mètres linéaires de voies pavées et 18.772 mètres linéaires de caniveaux).

3.2.2.3 Procédure d'enquête

L'enquête a été faite à base d'un questionnaire structuré adressé aux populations afin d'avoir leurs appréciations sur l'état actuel des ouvrages, les causes et les conséquences de cet état, et leurs approches de solutions.

3.2.2.4 Observations sur le terrain

Les observations faites sur le terrain ont essentiellement trait à l'état actuel des ouvrages dans la ville, aux comportements des populations riveraines vis-à-vis de ces ouvrages et les types de déchets qu'on peut retrouver dans les caniveaux et sur les voies.

3.2.3 Traitement de données

Les fiches d'enquête et de données diverses ont été dépouillées, codifiées, saisies et traitées avec le tableur Excel 2010.

RESULTATS ET DISCUSSION

CHAPITRE 4 : RESULTATS ET DISCUSSION

4.1 RESULTATS

4.2 DISCUSSION

CHAPITRE 4 : RESULTATS ET DISCUSSION

4.1 RESULTATS

4.1.1 Caractéristiques socio-démographiques

4.1.1.1 Répartition des enquêtés selon le sexe

La figure 3 montre la répartition des enquêtés selon le sexe.

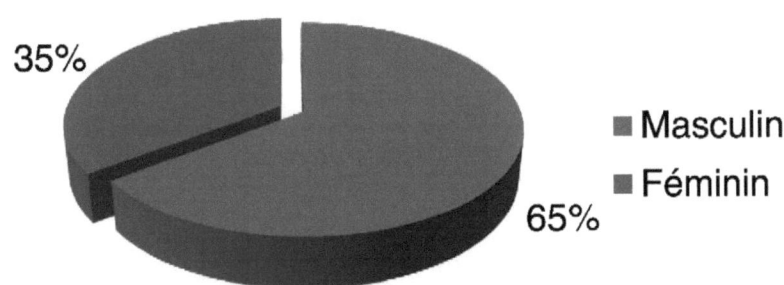

Figure 3: Répartition des enquêtés selon le sexe

Il se dégage que la plupart des personnes enquêtées sont du sexe masculin avec un pourcentage de 65%.

4.1.1.2 Répartition des enquêtés selon l'âge

La figure 4 présente la répartition des enquêtés selon l'âge.

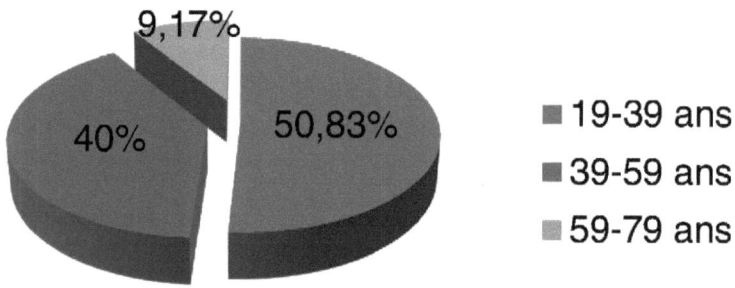

Figure 4 : Répartition des enquêtés selon l'âge

Il en résulte que la moitié (50,83%) des enquêtés ont entre 19-39 ans.

Ce pourcentage est corroboré par les récentes enquêtes (INSAE, 2002) qui indiquent que les jeunes constituent la tranche la plus forte au Bénin.

4.1.1.3 Répartition des enquêtés selon la religion

La figure 5 exprime la répartition des enquêtés selon la religion.

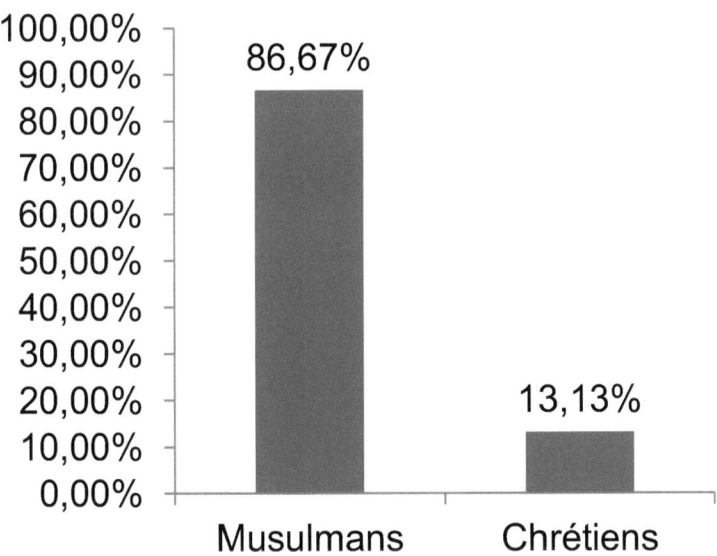

Figure 5 : Répartition des enquêtés selon la religion

Il en ressort que les musulmans représentent plus de la moitié des personnes enquêtées avec un pourcentage de 86,67%. Le reste des enquêtés est chrétien avec un pourcentage de 13,33%. En effet, il est de notoriété publique que la ville de Djougou occupe la troisième place après Porto-Novo et Cotonou en termes d'ancrage de la région musulmane au Bénin (INSAE, 2002).

4.1.1.4 Répartition des enquêtés selon le niveau d'instruction

La figure 6 indique la répartition des enquêtés selon le niveau d'instruction.

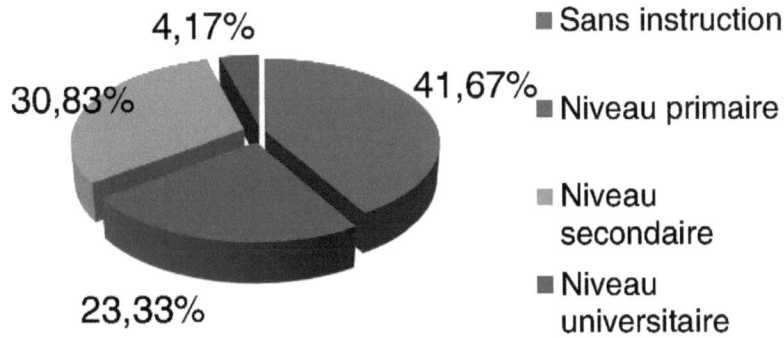

Figure 6 : Répartition des enquêtés en fonction du niveau d'instruction

Il découle du diagramme que presque la moitié (41,67%) des personnes enquêtées ne sont pas instruites et que seulement 4,17% des enquêtés ont le niveau universitaire. Cela témoigne du poids d'analphabétisme qui pèse lourdement sur le pays en général et sur la ville de Djougou en particulier.

4.1.2 Etat actuel des ouvrages dans la ville

Les voies pavées et les caniveaux de la ville de Djougou sont dans un état insalubre ; en témoignent les photos suivantes.

Photo a : Insalubrité à Formagazi

Photo b : Excrémen humain dans un caniveau

Photo c : Caniveaux herbeux

Photo d : Caniveaux bouché et dégradé sur des voies

Photo 1 : Etat insalubre des voies et des caniveaux dans la ville de Djougou   (DJOSSOU, 2012)

La Photo 1 est un pâle reflet de la situation sur le terrain. Elle est révoltante au vu des investissements consentis : certains voies et caniveaux sont bondés de déchets de tous types, les plus importants étant les sachets. Les déchets, le sable et les herbes bouchent souvent les caniveaux, et cela n'émeut personne. Les ONG et la Commune sont dépassées par l'ampleur de l'incivisme et de l'indifférence.

La Photo 2 rend compte également de la malpropreté au niveau des ouvrages, notamment les voies, une situation qui existe partout dans nos grandes villes.

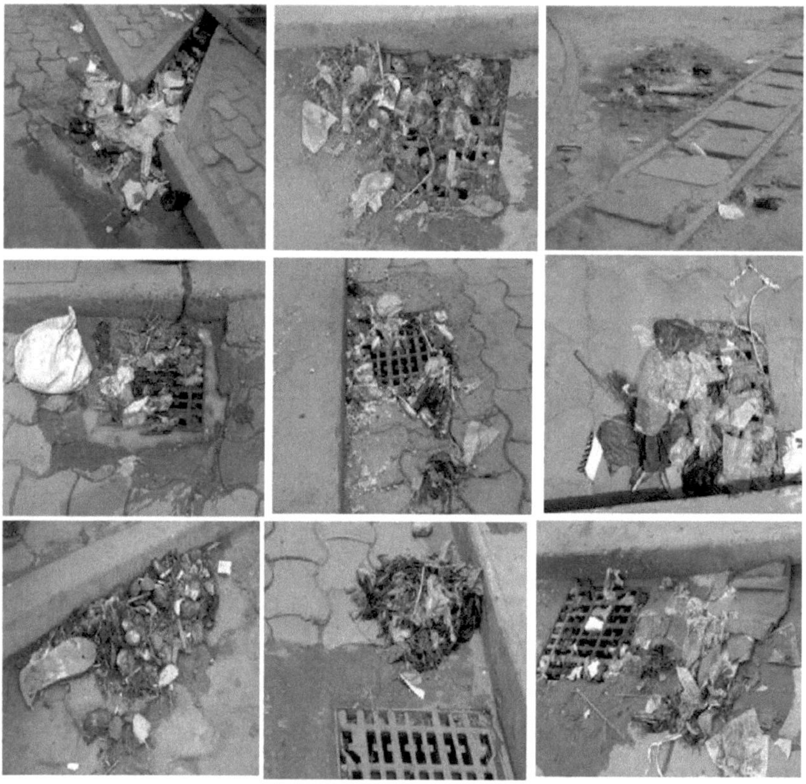

Photo 2 : Etat d'insalubrité des voies à Djougou (DJOSSOU, 2012)

La Photo 2 nous montre les types de déchets rencontrés souvent sur les voies et dans les caniveaux.

En effet, nous avons les sachets, les excréments humains, les fermentescibles, les eaux usées, les papiers, des vieux habits, des vieilles chaussures, des déchets en verre et des déchets en plastique.

Les différents types de déchets retrouvés dans les caniveaux et sur les voies causent des désagréments à la population et aux ouvrages. Comme désagréments, nous avons: la pollution esthétique, le mauvais visage de la ville, la mauvaise appréciation de la ville par les étrangers, des accidents sur les routes , le bouchage des caniveaux, le dégagement d'odeurs nauséabondes par les caniveaux surtout quand il fait chaud, des maladies: (diarrhée, vomissement, paludisme, choléra, méningite, rougeole, fièvre typhoïde, la nausée), la non circulation des eaux pluviales dans les caniveaux car ceux-ci sont bouchés, ce qui engendre, l'inondation de certaines voies pendant la saison pluvieuse.

4.2 DISCUSSION

4.2.1 Insuffisances des stratégies et plan d'action communale

La mairie dispose des stratégies pour assainir la ville. Ces stratégies sont relatées dans le Plan de l'Hygiène et de l'Assainissement Communal (PHAC). Ce document présente tout ce qu'il y a de bon à faire dans le secteur de l'hygiène et de l'assainissement dans la ville. Mais, la plupart des activités prévues dans le PHAC ne sont pas exécutées par faute de moyens financiers et matériels.

4.2.2 Causes de l'état actuel des ouvrages dans la ville

La collecte des ordures ménagères et l'élimination des eaux usées constituent l'une des plus grandes difficultés que rencontrent les autorités municipales (DIABAGATE, 2008). La ville de Djougou n'en est pas dispensée puisque ses ouvrages d'assainissement (voies pavées et caniveaux) sont dans un état d'insalubrité totale. Cela est dû à l'ignorance, l'inconscience, le manque d'hygiène et l'incivisme de la population. En effet, les populations sont analphabètes à plus de 40%. Or, on sait que l'éducation et la formation constituent des indicateurs prépondérants dans la réceptivité de la modernité.

L'état malsain des ouvrages s'explique aussi par le non abonnement de la population aux ONG de pré-collecte des ordures ménagères, du fait surtout de l'impotence et de l'imposture des ONG de pré-collecte des ordures. En effet, elles font trop souvent de laxisme frisant la pagaille en ce sens qu'elles peinent à passer pour ramasser les ordures du peu de ménages déjà abonnés. Ce qui fait que la population jette les ordures sur les voies et dans les caniveaux. Il est d'ailleurs noté que le taux de ramassage des ordures ménagères atteint rarement 50% (NYASSOGBO, 2005).

L'état déplorable des ouvrages trouve également son explication dans la non application des lois, le manque de fermeté des autorités communales (76,67% des enquêtés l'ont évoqué), le manque de soutien des groupements de femmes balayeuses par la mairie et l'incoordination des différents acteurs du secteur de l'assainissement. En définitive, la municipalité ploie sous le poids des charges que nécessite le système d'assainissement. Cette situation ne peut être inversée sans une intervention et une collaboration extérieure.

C'est alors que, l'Etat à travers le Programme Pluriannuel d'appui au secteur de l'Eau et de l'Assainissement (**PPEA**) appuie directement les communes dans la réalisation des activités d'hygiène et d'assainissement. Au nombre de ces activités, on peut citer la formation des enseignants sur les règles d'hygiène en milieu scolaire, la formation des vendeuses des écoles sur l'hygiène des denrées alimentaires et la sensibilisation des populations sur les règles d'hygiène.

CONCLUSION ET SUGGESTIONS

CONCLUSION

L'état insalubre des ouvrages d'assainissement de la ville de Djougou trouve la majeure partie de ses causes dans les mauvaises pratiques de la population. Il est également dû à l'impotence des autorités municipales, qui sont dépassées par les charges même si leur volonté de mieux faire est évidente. Il leur faut encore doubler d'effort pour améliorer la situation. Pour cela, nous aimerions suggérer quelques approches de solutions à l'endroit de tout le monde.

SUGGESTIONS

Pour mieux assainir les voies et caniveaux dans la ville de Djougou, beaucoup d'approches de solutions ont été proposées lors des enquêtes et des entretiens menés sur le terrain. Suite à l'analyse et à la synthèse de ces propositions, il est proposé :

- la sensibilisation accrue et régulière de la population ;
- le renforcement et la formation des ONG de pré-collecte des ordures ménagères ;
- la recherche d'appuis extérieurs ;
- une meilleure identification des priorités de la ville pour donner de l'efficience aux efforts des autorités municipales ;
- le suivi des activités des ONG de pré-collecte des ordures par la mairie ;
- une meilleure motivation des groupements de femmes balayeuses ;

- la construction des latrines et des puisards dans les ménages ;
- la création d'un partenariat mairie-population pour les activités d'assainissement des ouvrages ;
- le curage annuel sans faille des caniveaux surtout à l'approche des saisons des pluies ;
- l'interdiction des garages illicites et anarchiques de longue durée de certains camions sur les voies car leurs dessous constituent souvent des dépotoirs sauvages ;
- l'installation de poubelles dans les lieux publics ;
- l'application rigoureuse des lois et règlements en la matière.

REFERENCES

ADEME, 2004. Cent mots pour comprendre les déchets, cahier pédagogique n°3, Cotonou, Bénin, 42 p.

AHOSSOUHE E., 2009. Valorisation des déchets solides ménagers dans la ville de Cotonou : cas du centre de récupération de Dantokpa et du site de maraichage de Houéyiho. Rapport pour l'obtention de la licence professionnelle en génie de l'environnement, l'EPAC/ UAC, 38 p.

AÏNA M., 2011. Cours d'aménagement et de gestion des déchets solides.

AREMOU S., 2007. Changement de l'utilisation, de l'occupation du sol et fragmentation du paysage dans le district de

Nkhotakota, région centrale du Malawi (1986-2001).

DHAB, 2010. Guide d'élaboration et de mise en œuvre du Plan d'Hygiène et d'Assainissement Communal, 99 p.

DIABAGATE S., 2008. Assainissement et Gestion des ordures ménagères à Abobo: cas d'Abobo-Baoulé. Mémoire de Maîtrise de Géographie, Institut de Géographie Tropicale/Université d'Abidjan, Cocody / RCI, 91 p.

INSAE, 2002. Troisième Recensement Général de la Population et de l'Habitat.

MEHU, 1999. Loi cadre sur l'Environnement en République du Bénin. ABE, BM, Cotonou.

NYASSOGBO, 2005. Accumulation d'ordures ménagères et dégradation de l'environnement urbain. Quelques pistes pour une meilleure viabilité environnementale dans le processus de développement africain. Département de Géographie, Université de Lomé, Togo, 19 p.

PDC 2 Djougou, 2010. Plan de Développement Communal de Djougou 2011-2016, Deuxième génération, 117 p.

PHAC, 2010. Plan de l'Hygiène et de l'Assainissement Communal 2011-2016 de Djougou, 190 p.

SDAC, 2010. Schéma Directeur d'Aménagement Communal de la commune de Djougou, 187 p.

Grandstravauxaubenin.com *- Publié dans : réhabilitation des principales villes consulté le 18 / 04/ 2012 à 10heures 52 minutes.*

Annexe 1: Questionnaire pour l'enquête de terrain

Annexe 2: Guide d'entretien avec les agents des services de la mairie intervenant dans l'hygiène et l'assainissement dans la ville de Djougou.

Annexe 1

Questionnaire pour l'enquête de terrain

OBJECTIF

Dans le cadre de la rédaction de notre mémoire de fin de formation pour l'obtention de Licence Professionnelle en Génie de l'Environnement, nous aimerions avoir des informations sur l'assainissement des ouvrages (voies, caniveaux, etc.) dans la ville de Djougou.

Ainsi, nous vous prions de nous accorder une partie de votre temps pour répondre aux questions suivantes. Merci.

Section 1 : Identification

Date :

Enquêté n° :

Nom :

Prénom(s) :

Age :

Sexe : Masculin ☐   Féminin ☐

Statut matrimonial: Célibataire ☐   Marié ☐

Autre (à préciser) ☐

Nationalité : Béninoise ☐

Autre (à préciser) ☐

Origine : Autochtone ☐   Allochtone ☐

Religion : Animiste ☐   Chrétien ☐

Musulman ☐   Autre (à préciser) ☐

Niveau d'instruction :

Sans instruction ☐   Niveau primaire ☐

Niveau secondaire ☐

Niveau universitaire ☐

Profession : Agriculteur ☐   Eleveur ☐

Fonctionnaire ☐   Commerçant ☐

Artisan ☐   Autre (à préciser) ☐

Section 2 : Collecte de données

2.1. Comment appréciez-vous l'état actuel des voies et caniveaux par rapport à leur entretien ?

Sale ☐   Propre ☐

2.2. Quelles sont les causes de cet état de chose ?

Manque d'entretien ☐

Pratiques de la population (à citer) ☐

Autres (à préciser) ☐

2.3. Quels sont les types de déchets retrouvés sur les voies et dans les caniveaux ?

- ➢ Les fermentescibles
- ➢ Les sachets

➢ Les papiers

➢ Autres (à préciser)

2.4. Quelles sont leurs principales sources ?

    Ménages riverains ☐

    Ménages d'ailleurs ☐

Autres (à préciser) ☐

2.5. Quels désagréments causent-ils (les déchets) :

- Sur les voies ?

Pollution esthétique ☐   Accident ☐

Dégradation des voies ☐

Autres (à préciser) ☐

- Dans les caniveaux ?

Pollution esthétique ☐   Bouchage ☐

Autres (à préciser) ☐

2.6. Quelles solutions proposez-vous pour mieux assainir les voies et caniveaux dans la ville ?

Merci !

Annexe 2

Guide d'entretien avec les agents des services de la mairie intervenant dans l'hygiène et l'assainissement dans la ville de Djougou.

OBJECTIF

Dans le cadre de la rédaction de notre mémoire de fin de formation pour l'obtention de Licence Professionnelle en Génie de l'Environnement, nous aimerions avoir des informations sur l'assainissement des ouvrages (voies, caniveaux, etc.) dans la ville de Djougou.

Ainsi, nous vous prions de nous accorder une partie de votre temps pour répondre aux questions suivantes. Merci.

1- Quel est actuellement le taux de réalisation des ouvrages (voies et caniveaux) dans la ville de Djougou par rapport à ce qui est prévu dans le schéma directeur d'aménagement de la commune?

2- Depuis quand avez-vous commencé les travaux ?

3- Quelles sont les forces (moyens) dont vous disposez pour l'assainissement de ces ouvrages ?

4- Qui sont les acteurs de cet assainissement ?

5- Quelles sont les pratiques que vous développez pour assainir ces ouvrages ?

6- Pouvez-vous dire aujourd'hui que les ouvrages en question, de la ville de Djougou sont assainis ?

7- Quelles sont les difficultés (problèmes) que vous connaissez ?

8- Quelles solutions proposez-vous pour améliorer l'assainissement de ces ouvrages ?

Merci !

Oui, je veux morebooks!

I want morebooks!

Buy your books fast and straightforward online - at one of the world's fastest growing online book stores! Environmentally sound due to Print-on-Demand technologies.

Buy your books online at
www.get-morebooks.com

Achetez vos livres en ligne, vite et bien, sur l'une des librairies en ligne les plus performantes au monde!
En protégeant nos ressources et notre environnement grâce à l'impression à la demande.

La librairie en ligne pour acheter plus vite
www.morebooks.fr

OmniScriptum Marketing DEU GmbH
Heinrich-Böcking-Str. 6-8
D - 66121 Saarbrücken
Telefax: +49 681 93 81 567-9

info@omniscriptum.com
www.omniscriptum.com

Printed by Books on Demand GmbH, Norderstedt / Germany